U0256667

有趣的分子科学

身体里的分子奥秘

张国庆/著

李 进/绘

中国科学技术大学出版社

内 容 简 介

人的身体由不计其数的形状、大小和生理功能各不相同的分子通过有序的排列构成,每一个分子在身体中都受到其他分子的严格调控,同时也调控着其他的分子;人的生长发育以及生老病死归根结底都是由这些分子的状况决定的。只有在各个分子都"各尽其责"的时候,身体才会健康,如果这些分子缺失或者过多,身体功能就会出现紊乱。本书选取人们所熟知的身体里的一些分子,如 DNA 分子、多巴胺分子等,介绍它们与人体的关系,告诉人们如何健康地生活,并正确认识和处理这些分子。

图书在版编目(CIP)数据

身体里的分子奥秘/张国庆著;李进绘. —合肥:中国科学技术大学出版社,2019.5(2020.9 重印)

(前沿科技启蒙绘本·有趣的分子科学)

"十三五"国家重点图书出版规划项目

ISBN 978-7-312-04699-5

Ⅰ.身…　Ⅱ.①张…②李…　Ⅲ.分子—普及读物　Ⅳ.O561-49

中国版本图书馆 CIP 数据核字(2019)第 082701 号

出版	中国科学技术大学出版社
	安徽省合肥市金寨路 96 号,230026
	http://press. ustc. edu. cn
	https://zgkxjsdxcbs. tmall. com
印刷	合肥华云印务有限责任公司
发行	中国科学技术大学出版社
经销	全国新华书店
开本	787 mm×1092 mm　1/12
印张	4
字数	35 千
版次	2019 年 5 月第 1 版
印次	2020 年 9 月第 3 次印刷
定价	40.00 元

序 一

一项创新性科技，从它产生到得到广泛应用，通常会经历三个阶段：第一个阶段，公众接触一个全新领域的时候，觉得这个东西"不靠谱"；第二个阶段，大家对于它的科学性不怀疑了，但觉得这个技术走向应用却"不成熟"；第三个阶段，这项新技术得到广泛、成熟应用后，人们又可能习以为常，觉得这不是什么"新东西"了。到此才完成了一项创新性技术发展的全过程。比如我觉得量子信息技术正处于第二阶段到第三阶段的转换过程当中。正因为这样，科技工作者需要进行大量的科普工作，推动营造一个鼓励创新的氛围。从我做过的一些科普活动来看，效果还是不错的，大众都表现出了对量子科技的浓厚兴趣。

那什么是科普呢？它是指以深入浅出、通俗易懂的方式，向大众介绍自然科学和社会科学知识的一种活动。其主要功能是通过提高公众的科学素质，使公众通过了解基本的科学知识，具有运用科学态度和方法判断及处理各种事务的能力，从而具备求真唯实的科学世界观。如果说科技创新相当于建设科技强国的"尖兵"和"突击队"，科普的作用就相当于夯实全民的科学基础。目前，我国的科普工作已经有越来越多的人参与，但是还远远不能满足大众对科学知识获取的需求。

我校微尺度物质科学国家研究中心张国庆教授撰写的这套"有趣的分子科学"原创科普绘本，针对日常生活中最常见的场景，深入浅出地为大家讲述这些场景中可能"看不见、摸不着"但却存在于我们客观世界中的分子，目的是让大家能够从一个更微观、更科学、更贴近自然的角度来理解我们可能已经熟知的事情或者物体。这也是我们所有科研人员的愿景：希望民众能够走近科学、理解科学、热爱科学。

今天，我们共同欣赏这套兼具科学性与艺术性的"有趣的分子科学"原创科普绘本。希望读者能从中汲取知识，应用于学习和生活。

潘建伟

中国科学院院士

中国科学技术大学常务副校长

序 二

随着扎克伯格给未满月的女儿读《宝宝的量子物理学》的照片在"脸书"上走红，《宝宝的量子物理学》迅速成为年轻父母的新宠。之后，其作者——美国物理学家 Chris Ferrie 也渐渐走进了人们的视线。国人感慨：什么时候我们的科学家也能为我们的娃娃写一本通俗易懂又广受国人喜爱的科学绘本呢？

今天我非常高兴地向大家推荐由中国科学技术大学年轻的海归教授张国庆撰写的这套"有趣的分子科学"科普图书。张国庆教授的研究领域是荧光软物质的设计与合成、分子材料的电子和电荷转移、单分子荧光成像的合成以及光物理。他是一位年轻有为的青年科学家，在繁忙的教学科研工作之余，运用自己丰富的科学知识和较高的科学素养，用生动、活泼、简洁、易懂的语言，为我国读者呈现了这套科学素养普及图书，在全民科普教育方面进行了有益的尝试，这彰显了一位科学工作者的社会责任感。

这套书用简明的文字、有趣的插图，将我们日常生活中遇到的、普遍关心的问题，用分子科学的相关知识进行了科学的阐述。如睡前为什么要喝一杯牛奶，睡前吃糖好不好，为什么要勤洗澡勤刷牙，为什么要多运动，新衣服为什么要洗后才穿，如何避免铅、汞中毒，双酚 A、荧光剂又是什么，为什么要少吃氢化植物油、少接触尼古丁、少喝勾兑饮料、少吃烧烤食品，以及什么是自由基、什么是苯并芘分子、什么是苯甲酸钠等问题，用分子科学的知识和通俗易懂的语言加以说明，使得父母和孩子在轻松愉快的亲子阅读中，掌握基本的分子科学知识，也使得父母可以将其中的科学道理运用到生活中去，为孩子健康快乐的成长保驾护航。

希望这套"有趣的分子科学"丛书能够唤起孩子们的好奇心，引导他们走进奇妙的化学分子世界，让孩子们从小接触科学、热爱科学，成为他们探索未知科学世界的启蒙丛书。本丛书适合学生独立阅读，但更适合作为家长的读物，然后和孩子们一起分享！

杨金龙

中国科学院院士

中国科学技术大学副校长

前言

我们的世界是由分子组成的，从构成我们身体的水分子、脂肪、蛋白质，到赋予植物绿色的叶绿素，到让花儿充满诱人香气的吲哚，到保护龙虾、螃蟹的甲壳素，到我们呼吸的氧气分子，以及为我们生活带来革命性便捷的塑料。对于非专业人士来说，这个听起来这么熟悉的名词——"分子"到底是个什么东西呢？我们怎么知道分子有什么用，或者有什么危害呢？

大多数分子很小，尺寸只有不到 0.000000001 米，也就是不足 1 纳米。当分子的量很少时，我们也许无法直接通过感官系统来感觉到它们的存在，但是它们所起到的功能或者破坏力却可能会很明显。人们发烧时，主要是因为体内存在很少量的炎症分子，此时如果服用退烧药，退烧药分子就可以进入血液和这些炎症分子粘在一起，使炎症分子无法发挥功效，从而使人退烧。很多昆虫虽然不会说话，但它们可以通过释放含量极低的"信息素"分子互相进行沟通。而有时候含量很低的分子，例如烧烤食物中含有的苯并芘分子，食用少量就可能会导致癌细胞的产生。所以分子不需要很多量的时候也能发挥宏观功效。总而言之，分子虽小，功能可不小，它们关系到人们的生老病死，并且构成了我们吃、穿、住、用、行的基础。

不同于其他科普书，这套"有趣的分子科学"丛书采用了文字和艺术绘画相结合的手法，巧妙地把科学和艺术融合在一起，读者在学到分子知识的同时，也能欣赏到艺术价值很高的手绘作品，使得这套丛书有更高的收藏价值。绘画作品均由青年画家李进完成。大家看完书后，不要将其束之高阁，不妨从中选取几张喜欢的绘画作品装裱起来，这不但是艺术品，更是蕴含着温故知新的科学！

本套书在编写过程中得到了很多人的帮助，特别是陈晓锋、王晓、黄林坤、胡衍、王涛、赵学成、韩娟、廖凡、裴斌、陈彪、黄文环、侯智耀、陈慧娟、林振达、苏浩等在前期资料收集和后期校对工作中都付出了辛勤的劳动，在此一并表示感谢。

想学习更多科普知识，扫描封底二维码，关注"科学猫科普"微信公众号，或加入"有趣的分子科学"QQ 群（号码 :654158749）参与讨论。

目　录

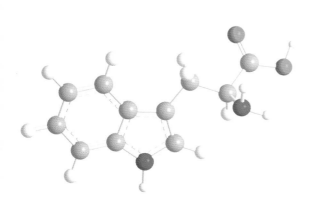
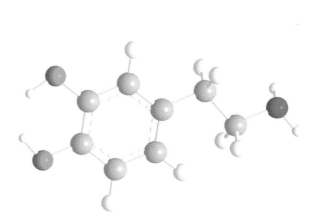
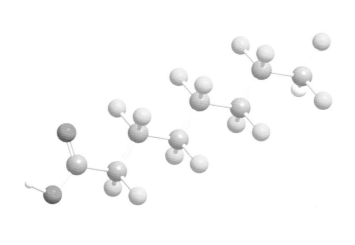
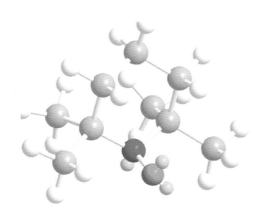

黑色素

人们的肤色为什么会不同呢？

图说 ▶

华丽的绸缎，精致的盘扣，女生着一身素色旗袍，执一把油纸伞，徜徉在江南的烟雨里……那一身身旗袍，或鲜丽或素淡，花色各不相同，演绎出不同的性格和韵味。在挑选衣服时，每个人都会按照自己的肤色进行搭配。可为什么人们的肤色会不同呢？

据说人类的肤色是在体毛消失后显露的。人类全身大约有 200 万个汗腺，为了快速蒸发汗液，体毛逐渐减少。这时，为了防止阳光照射带来的伤害，人体的皮肤开始出现黑色素，这些天然的大分子吸收阳光后可以迅速地把光的能量转化为热能，从而阻止破坏性的光化学反应的发生。

皮肤的颜色主要是由皮肤内黑色素的多少来决定的。黑色素是一种黑色或棕色的生物色素，当阳光较强时，皮肤内的黑色素会增多，这也就是为什么夏天我们会被晒黑。

非洲人的祖先大约在 400 万年前从热带雨林迁移到东非的大草原地区，暴露在阳光下的时间长。由于纬度低，气候炎热，为了保护容易被太阳光破坏的生命物质，他们进化出了较深的肤色。而高纬度的欧洲地区的居民为了最大限度地吸收阳光，制造维生素 D，逐渐进化成肤色较浅的白种人。黄种人一般聚居在温带地区，阳光强烈程度适中，肤色也介于黑色和白色之间。所以说，肤色只是人类适应环境的结果。

黑色素分子结构示意图

小·贴士

黑色素是由黑色素细胞分泌的，主要分布在肌肤底部。黑色素是通过色体内酪氨酸-酪氨酸酶反应形成的。紫外线能够促进黑色素细胞的增殖，使黑色素分泌增加；目前的美白机制是抑制酪氨酸酶的活性，主要措施是使用防晒霜以减少紫外线的吸收等。

盐酸

胃是怎么工作的？

图说 ▶

美味的诱惑，人是抵挡不住的。将美食吃进嘴里，慢慢感受其味美，然后其营养会被身体充分吸收利用。胃是我们身体的一个重要器官，那么它在食物的消化过程中起什么作用呢？

我们都知道，胃口好，才能吃嘛嘛香！那么胃到底能起到什么作用呢？

首先，胃是一个消毒器，它能分泌胃酸，把食物中的绝大部分病菌杀死，避免生病。其次，胃是一个搅拌器，它能把我们咀嚼过的食物通过胃部肌肉蠕动进一步研磨搅拌，变成泥状。同时，胃还是一个消化器，胃液能把食物中的蛋白质分解，使其进一步被消化，被身体吸收。

在胃发挥消化功能的过程中，胃酸起到很重要的作用。胃酸的主要成分是盐酸（浓度为 0.2%~0.5%）。盐酸分子在常温下是气体，但是溶于水后就变成了氯离子和氢离子。胃酸的酸碱度（简写为 pH，数值从 1 到 14，代表酸性逐渐减弱，碱性逐渐增强，7 代表中性）为 1.5~3.5，属于强酸性范围。胃酸不仅能杀菌消毒，它在蛋白质的分解过程中也起到了至关重要的作用。

盐酸分子结构示意图

或许有人想问：胃酸这么强大，为什么胃自身不会被消化掉呢？这是因为胃的内表面有一层弱碱性的黏液，它就像手机膜保护手机一样，保护胃免受胃酸伤害。而且胃黏膜的上皮细胞还具有很强的再生能力，能不停地进行代谢更新，避免胃蛋白酶吸附在黏膜上，起到保护胃的作用。

虽然胃受到了充分的保护，不会受到胃酸的伤害，但如果我们吃完饭之后就立即睡觉或者躺下，胃酸就会倒流，酸液可能灼伤食道，还可能会引发喉咙痛、咳嗽、哮喘等症状。因此，要注意不能暴饮暴食，睡前两小时内不进食；躺下时头应该垫着枕头，不要完全平躺。

小贴士

胃承担着非常多的工作，为了减轻胃的负担，我们平时应该注意以下几点：① 避免吃刺激性的食物；② 营养均衡，不挑食；③ 饮食规律，不暴饮暴食；④ 细嚼慢咽，充分咀嚼再咽下；⑤ 吃完饭不要立即睡觉或躺下，避免胃酸倒流。

乳酸

运动后的酸痛感来自哪里？

图说▶

中国功夫，充满了东方神韵。它刚柔并济的招数变化，忽而舒展大方，忽而迅疾紧凑，让人目不暇接。那一招一式都是经过反复揣摩、反复练习的。不过，为什么一套拳法打下来身体会大汗淋漓，并觉得全身酸痛呢？

运动之后肌肉酸痛通常是由于我们体内肌肉细胞进行无氧呼吸产生了乳酸分子而导致的。

乳酸的学名是2-羟基丙酸，和醋酸一样，都属于有机羧酸类分子，并且在水中的酸性也和醋酸差不多。很多生物学家认为，如果运动过度，人体内氧气供应不足（会产生无氧呼吸），过量的乳酸便会在体内堆积，从而引起局部肌肉酸痛。

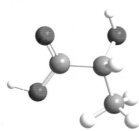

乳酸分子结构示意图

乳酸既能由微生物（例如乳酸菌）合成，也能人工合成。早期科学家发现在人体的血液、肌肉、肾脏等部位，以及奶制品或一些高等植物中都含有乳酸。1789年，瑞典化学家卡尔就从乳酸菌发酵后的牛奶中提取到了乳酸；1895年，德国药物公司勃林格殷格翰开始商业生产乳酸，乳酸的名称也由此而来。除了酸奶中含有乳酸外，泡菜的酸味也来源于乳酸。

当人在剧烈运动时，身体对能量的需求非常高，如果氧气供应不济，便会产生无氧呼吸。无氧呼吸会产生大量乳酸，当产生乳酸的速度远远大于人体所能处理和分解乳酸的速度，乳酸就会在肌肉中堆积，从而使人感到肌肉酸痛。

小·贴士

为了减轻运动后的肌肉酸痛，在运动前可以通过适当的热身唤醒肌肉，让它们做好体力活动的准备；在运动过程中注意及时补充水分、深呼吸，也可以减少乳酸的产生；在运动后进行一些拉伸运动，也有助于体内乳酸的代谢。

血红素

血液为什么是红色的？

图说 ▶

汉武帝时，有人将在敦煌捕获的一匹宝马献给了汉武帝。这种马在高速奔跑后，肩膀部位会慢慢鼓起，并流出像鲜血一样的红色汗水，因此得名"汗血宝马"。那么，血液为什么是红色的呢？

在大自然中，除鳄冰鱼的血液是透明的外，其他脊椎动物的血液都是红色的，这是为什么呢？原来，血液里的红色源自一种叫"血红素"的分子。从化学结构上来讲，血红素是"叶绿素"的近亲：它们都含有一个分子大环和一个"镶嵌"在环里的金属离子，它们最主要的区别是叶绿素中含有的是镁离子，而血红素中含有的是亚铁离子。含有金属离子的不同导致整个分子吸收了不同颜色的光，使它们一个呈现绿色，而另一个呈现红色。

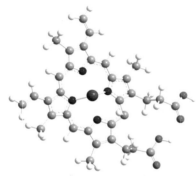

血红素分子结构示意图

众所周知，人获得氧气才能生存，而血红素就承担了把氧气运输到各器官组织、再把二氧化碳运出的任务（主要通过和血红素中的亚铁离子结合）。由于氧气分子和二氧化碳分子与亚铁离子的结合能力都比较弱，它们在运输过程中不停地和铁离子结合、解离，所以到底携带氧气还是二氧化碳就取决于两者的浓度。在肺部，氧气浓度比较高，于是绝大部分血红素会带着氧气分子随红细胞进入组织深处。在那里，细胞消耗能量以维持身体机能，同时也产生大量的二氧化碳。此时大部分在血红素上的氧气分子又被置换下来，扩散进入细胞，供细胞使用。如此往复循环，就是动脉血和静脉血产生的原因。

值得注意的是，血红素中亚铁离子与一氧化碳、氰化钾的结合能力要比氧气强很多，极少量的这些物质就能够把氧气置换下来，造成身体缺氧，这就是煤气中毒和氰化物中毒的原理。

小贴士

人体内含铁量约为人体体重的 0.004%，其中大部分铁在血红素里。由血红素构成的血红蛋白存在于血液的红细胞中，但红细胞的平均寿命只有 127 天，因此人每天要失去 1 毫克左右的铁，所以我们要科学补铁。

碘元素

微量元素为什么重要？

碘分子结构示意图

微量元素通常指含量低于人体体重 0.01% 的元素，在人体中存在量极少。到目前为止，已被确认与人体健康有关的必需微量元素有 18 种，包括铁、铜、锌、钴、锰、铬、硒、碘、镍、氟、钼、钒、锡、硅、锶、硼、钶、砷。尽管它们在人体内含量极低，但每种微量元素都有其特殊的生理功能，对维持人体内的新陈代谢十分必要。

生物学的研究表明，微量元素通过与蛋白质以及其他有机分子结合，形成了酶、激素、维生素等生物大分子，发挥着重要的生理生化功能。因此，一旦缺少了这些必需的微量元素，人就会生病，甚至危及生命。例如，缺碘会导致地方性甲状腺肿大（俗称"大脖子病"），甚至会影响儿童智力发育和体格发育；缺铁可引起缺铁性贫血，进而影响智力和心理健康；铁、铜、锌的缺乏，会降低免疫力，助长细菌感染，而且感染后的死亡率也较高。

乙醛

为什么有些人喝酒会脸红？

举一杯清酒，穿越千年的时光，与你共醉，也让平平仄仄的语调穿越历史。酒让李白的诗更加飘逸，诗让手中的酒更加香醇。可为什么有些人千杯不醉，面不改色，而有些人几杯酒下肚就脸色发红了呢？

喝酒后脸红与一种奇妙的分子——乙醛有关。我们知道酒的主要成分是乙醇，酒进入人体后，会被酶氧化成乙醛，再氧化成乙酸而代谢掉。不过，有些人缺少将乙醛氧化成乙酸的酶，导致体内乙醛积累过多，过多的乙醛迟迟不能代谢，就会表现出脸红。

乙醛分子结构示意图

乙醛是非常重要的醛类物质之一，是一种无色、有刺激性气味的液体。如果乙醛在人体内积累过多，会出现体重减轻、出现幻觉、视力丧失等中毒症状，和甲醛中毒类似。乙醛遇到某些戒酒物质，会使中毒症状变得更加严重。所以喝酒后脸红的人千万不要多喝酒。

近年来也有一些科学研究表明，乙醛会增加某些癌症的患病风险，如食道癌、乳腺癌等。20世纪80年代，英国科学家维克多·普里迪发现乙醛还是一种效力强大的肌肉毒素，能够与蛋白质中的氨基结合，严重影响蛋白质的功能，给肌肉造成巨大损伤。很多过量饮酒的人，第二天起床后还是会感觉昏昏沉沉的，以前人们认为这是酒精的作用，其实并不完全是，还有一部分原因是身体内的乙醛积累过多，很多器官都在乙醛的包围之中。

小·贴士

乙醛因为本身带有水果的香味，所以也经常用作食品添加剂，很多果酒中都有这种物质。香烟燃烧时也会产生大量的乙醛，并会溶解在人的口腔中。

氨基酸

生理功能的基石是什么？

图说 ▶

晨光熹微，清脆悦耳的鸟鸣仿佛衔了一缕阳光，悄然来到身旁。牛奶、鸡蛋、坚果……餐香萦齿，幸福绕心。随着生活水平的改善，大家对日常饮食的要求越来越高。常常听到"高蛋白"这个词，为什么大家追捧含"高蛋白"的食物呢？

蛋白质是生命的物质基石，不但是细胞组织结构的构造者，还参与细胞生命活动的每一个进程。人体细胞中大约含有几十亿个蛋白质分子，可以说没有蛋白质就没有生命存在。很难估算世界上究竟有多少种蛋白质分子，但所有的蛋白质分子都是由同一类小分子串起来组成的，这就是氨基酸分子。顾名思义，氨基酸分子中同时含有氨基和羧基两种亚结构（实现分子功能的亚结构又称为"官能团"）。氨基酸是构成动物所需营养物质蛋白质的基本分子。

甘氨酸分子结构示意图

虽然氨基酸是伴随生命一起出现的，但直到19世纪初，第一个氨基酸才被发现，当时的法国化学家路易斯和皮埃尔从天冬中分离出来一种化合物，随之将其命名为天冬氨酸。之后的一百多年内，其余十几种氨基酸陆续被发现。最后被发现的是苏氨酸，1935年它由美国科学家威廉发现，威廉还提出了人体所必需的氨基酸种类，并规定了人体每天摄取氨基酸的最优量。虽然自然界中存在的氨基酸有300多种，但人体常用的氨基酸只有20种，分为必需氨基酸和非必需氨基酸。非必需氨基酸是指人类自己可以在体内通过化学反应合成的氨基酸，包括丙氨酸、精氨酸、天冬氨酸等；必需氨基酸有8种，是指不能在人体内合成或合成速度不能满足机体正常的生理需要，必须从食物中获得的氨基酸，如亮氨酸、异亮氨酸、缬氨酸、甲硫氨酸等。值得注意的是，对婴儿来说，还有另外一种必需氨基酸——牛磺酸。

小贴士

氨基酸常见的植物来源包括豆制品和面筋，动物来源包括鸡蛋、牛奶和肉类。有些氨基酸只能从肉类中获取，比如赖氨酸，所以，只有科学膳食才能身体健康。

镇痛分子

为什么针灸具有疗效？

图说 ▶

幽居深山之中的神医，淡然超脱，仙风道骨。"针灸"一术传承千年，纤细的银针，轻轻地刺捻，一针便能解决许多人的病痛。

原始时期，原始人常被石块、荆棘所伤，但有时某些部位被碰撞后，原有的一些病痛会减轻或消失。而在用火的过程中，也会出现某些病痛经火的烘烤而得以缓解或解除的情况。久而久之，人们便开始有意识地用砭石刺激身体的某些部位以消除病痛，这就是针灸的雏形。针灸发源于中国，在公元6世纪首先传到韩国，然后通过医疗传教士传到日本，之后又传到欧洲。在20世纪，经过在美国和其他西方国家的广泛传播，它真正走向了国际化。1971年，《纽约时报》记者发表了一篇关于他在中国的针灸经历的文章，引发了对针灸的更多调查和民众支持。在美国国立卫生研究院表示支持针对有限条件的针灸研究后，美国人民对针灸的接受率得到进一步提高。1972年，美国第一家合法的针灸中心在华盛顿特区成立，1973年美国国内税务局允许将针灸列入医保体系。

5-羟色胺分子结构示意图

针灸是一种内病外治的医术，也是中医重要的组成部分，其疗法的特点是不用吃药，仅在病人身体的一定部位用针刺入。针刺信号进入中枢系统后，激发了从脊髓、脑干到大脑各个层次许多神经元的活动，激活了机体自身的镇痛系统，使镇痛分子如5-羟色胺、乙酰胆碱、内源性阿片样物质等分泌增加，从而产生明显的镇痛效果。

小贴士

事实上，针与灸是两种不同的技术，针是指用针具按一定穴位刺入患者体内，运用捻转、提插等针刺手法来治疗疾病；灸则是指用某些易燃的材料（主要是艾科植物，因为其叶子易燃、火力均匀），在体表一定的穴位上烧灼、熏熨，借助燃烧时放出的热量作为刺激源进行治疗。

视黄醇

多吃胡萝卜能保护视力吗？

图说 ▶

层层青岚映着五彩霞光，雨后初霁的空气中弥漫着泥土的芬芳。胡萝卜开着白色的细花，点缀在田间。传说它来自遥远的西域，益肝明目是人们对它的印象。可它真的能保护眼睛吗？

俗话说"眼睛是心灵的窗口"，家长们会常说"你见过戴眼镜的兔子吗？"以此鼓励孩子多吃胡萝卜。那么多吃胡萝卜真的对我们的眼睛有益处吗？

答案是肯定的。这与胡萝卜里的一种分子密切相关——胡萝卜素分子。当胡萝卜素被人体吸收后，一个胡萝卜素分子可以分解成两个视黄醇分子，就是维生素A。当维生素A被氧化成视黄醛时，就变成了视觉细胞内的感光物质，成为视力必不可少的一部分。

视黄醛是一个细长的分子，像一条蛇一样，而且有很多可以活动的"关节"，可以产生不同的"构象"。光是具有能量的，当视黄醛分子吸收光时，这种蛇形分子就会"扭动"，也就是构象转变，这时光能就转化为分子的机械能。而眼睛中有一系列跟视觉相关的蛋白质分子，就像齿轮一样，一个卡着一个，当其中一个蛋白感知到视黄醛构象的变化时，就会开启齿轮机器，触发产生电信号的细胞，把能量传达给大脑，于是我们就能看到光了。

视黄醇分子结构示意图

如果缺乏视黄醇，人的眼睛就会感到不适，可能出现视力下降、夜盲症、干眼症等症状。除了维持正常视觉功能外，视黄醇还可以促进糖蛋白的合成，促进生长发育，强壮骨骼，增强免疫力。

小·贴士

富含胡萝卜素的植物性来源有胡萝卜、枸杞子、西兰花、菠菜、甜菜、芒果、哈密瓜等。视黄醇虽然用处大，却也不能过量摄取，因为它是油溶性的分子，喜欢在身体器官中累积而不容易被排出体外，积累过多可能会引起疾病。

溶菌酶

唾液真的可以消毒吗？

图说 ▶

月光泻下，萤火虫在亮光中飞舞。古老的森林，散发着神秘的气息，传说神奇的九色鹿能辨善恶，每当善良的采药人在林中遇到伤害时，它就会出现，帮人轻拭伤口，使人奇迹般恢复。

关于唾液可以消毒，有很多古老的传说。例如狗的唾液在很多国家的历史上都被认为有治疗效果。在法国，有一种非常古老的说法：狗的舌头就是医生的舌头；在古希腊，医师神殿的狗常常被训练去舔舐病人的伤口。那么唾液里到底有哪些神奇的成分呢？

唾液是动物和人类口腔内唾液腺分泌的一种无色且稀薄的液体，在食物的消化过程中起到十分关键的作用。其实人类的唾液组成中99.5%是水分，剩下的就是电解质、糖蛋白、各种生物酶（唾液淀粉酶、溶菌酶等）、抗生素等。这些生物酶在食物的消化过程中担任了非常重要的角色，比如淀粉酶可以将淀粉分解为糖；唾液脂肪酶可以消化脂肪；溶菌酶是一种能水解致病菌中黏多糖的碱性酶。此外，其他酶还可以帮助分解残留在牙齿缝隙里的食物，防止细菌滋生。人的唾液还具有润滑的功能，润湿食物有助于吞咽，并保护口腔黏膜表面免于因干燥而降低免疫。

除了消化作用，不同物种的唾液还有其他用途，比如有一些雨燕会使用唾液来帮助筑巢；眼镜蛇等一些毒蛇用牙齿里有毒的唾液来猎物；蜘蛛或毛毛虫则用唾液来织网。

研究表明，通常口腔黏膜愈合比皮肤快，这也间接说明了唾液里可能含有能促进伤口愈合的分子。

小贴士

值得注意的是，唾液虽然可能有消毒作用，也可以直接冲走一些较大的污染物如灰尘，但口腔中还有大量的细菌，其中一些是致病菌，所以人在受伤时还是要进行科学处理，先用碘酒或酒精消毒，然后及时就医。

肾上腺素

"洪荒之力"的秘密是什么？

图说 ▶

乱树林中，青石板上，就在武松最无防备之时，那只吊睛白额大虎乘风出现……人虎之战，性命相搏，赤手空拳，为民除害，留下了一段千古佳话。对于武松的胜利，其身体中的"肾上腺素"功不可没。

肾上腺素是由肾上腺髓质分泌的一种激素。当人遇到压力或者突然遭遇惊吓、袭击时，其分泌量就会显著增加。肾上腺素分子很小，可以快速扩散到体内器官组织的各个地方，从而迅速发生生理功能的改变。

在化学世界里，通常越小的分子越容易扩散，这是因为小分子与所接触环境中的分子的作用力会弱一些，受到环境的阻力比较小。这就好比一只兔子和一头大象同时穿过一片森林，对于兔子来说几乎没有什么障碍，而大象要绕过很多树、很多障碍才能成功。

肾上腺素分子结构示意图

肾上腺素增加，会使呼吸加速、心脏活动增强、血流量加大、血糖含量升高，从而使机体能获得更多能量，提高反应速度。所以肾上腺素也常被用来拯救心脏骤停或过敏性休克的病人。药用肾上腺素可从家畜肾上腺提取，也可以人工合成。

不过，肾上腺素只能够暂时激发人的力量，并不能真正让人变得强壮。而且如果一个人长时间处于压力和恐惧之中，血液、组织中高浓度的血糖和脂肪会对人体产生很大伤害。血糖会破坏蛋白质，使得人体失去正常的生理功能；而脂肪会堵塞血管造成高血压、冠心病等。

小贴士

压力过大或感到焦虑的时候，你可能会出现心跳加速、呼吸急促或头晕的症状。这时，尝试一些放松技巧或改变生活方式，或许就能减少肾上腺素飙升的频率与强度。比如通过深呼吸、转移注意力、有氧运动等方式都可以缓解紧张的情绪；健康的饮食也有助于缓解肾上腺素的飙升哦！

胆汁酸

油脂可以直接被消化吗？

灵动飘逸的动作，让油、水在旋转间融合出一轮太极，刚柔相济，传给"胃宝宝"消化。"胃"是不是不能直接消化油呢？那么帮助人们消化油的"太极高手"是人体中的哪位"大侠"呢？

"油"是我们生活中不可或缺的食用材料。如果炒菜时不放油，那做出来的菜将失去很大一部分香味，口感很差，使人难以下咽。但不管是菜籽油、花生油等植物油，还是动物肥肉中所含的"动物油"（脂肪），被吃进肚子之后，人的身体都是无法直接吸收的，必须借由胆汁酸的帮助将它们分解才能吸收。

胆汁酸是胆汁的重要成分，在脂肪代谢中起着重要作用。胆汁酸主要存在于肠肝循环系统，并通过再循环，防止肝内胆汁浓度过高，发挥一定的保护作用，只有一小部分胆汁酸进入外围循环。

胆汁酸分子结构示意图

人体内进行的生化反应几乎都需要酶的催化，大多数酶是生物体自身产生的一种活性蛋白质，催化油和脂肪分解消化的酶叫脂肪酶。植物油和动物脂肪都是不溶于水的，这就意味着它们进入人体后不能与脂肪酶（分布在消化液中）充分接触，这也是人体不能直接吸收油脂的主要原因。胆汁酸是一种很特殊的分子，它的分子内既含有亲水的部分，也含有亲油的部分，亲水部分可以跟水分子结合，亲油部分可以跟油脂结合，它的存在使得原本不溶于水的油脂能很好地与消化液混溶（乳化作用），从而大大增加了油脂和脂肪酶的接触，使得油脂的消化过程得以顺利进行。

小贴士

值得注意的是，胆汁主要是由肝脏产生的，只有 25% 左右由胆管细胞产生。因此，如果肝脏功能不好，胆汁分泌受影响，人体内的胆汁酸含量就会不足，从而对油脂的消化吸收能力就会受到很大影响，此时千万不可以吃太油腻的东西哟！

抗体分子

为什么免疫接种可以抵御疾病？

禽流感的爆发，打破了小镇的宁静。镇里的名医也束手无策，于是张榜招纳勇士来擒拿禽流感病毒。忽一日，独自进城的少年前来揭榜，少年自称是传世名医的关门弟子，受师傅之命，前来医治患者。

在医学上，任何可诱发免疫反应的物质都被称作抗原，禽流感病毒正属于抗原的一种。当抗原侵入人体后，人体的免疫系统就会产生能与抗原特异性结合的免疫球蛋白。1890 年，日本医师、细菌学家、免疫学家北里柴三郎男爵在研究白喉和破伤风病毒时，提出了体液免疫的概念，受他启发，德国科学家保罗·埃尔利希对体液免疫的机理进行深入研究，并在 1891 年发表的著作里将这种免疫球蛋白命名为抗体。

简单来说，当抗原入侵人体后，会刺激体内的 B 淋巴细胞合成大型的呈"Y"状的蛋白质（抗体）。然后，抗体与抗原发生特异性结合，促使白细胞吞噬病菌或病毒，或使微生物类抗原失去致病性，以达到保护人体的作用。

当初次接触抗原时，人体需要经过一定的潜伏期才能产生少量抗体，而且抗体在体内存在的时间也较短；但当再次接触同一抗原时，人体就会产生大量抗体，且在体内存在的时间也会变长。人们常说的免疫接种就是通过人工方法将疫苗制剂注入体内，然后刺激机体产生抗体获得对相应疾病的免疫力。

小贴士

由于抗体具有双重性（抗体一方面可与抗原特异地结合，发挥其免疫功能；另一方面，由于它本身是高分子蛋白质，当被注入异种动物体内时就具有抗原和抗体的双重作用），因此，在用异种动物的抗血清反复注射防治疾病时，必须注意有无发生过敏反应的可能性。

DNA

人体的遗传信息储存在哪里？

图说 ▶

亲情是家编织的一缕炊烟，袅袅升起，承载着希望。人来到这个世界，带着两个相爱的人的DNA，诉说着生命的传奇，上演着生命的轮回与延续。那么DNA到底是什么呢？

脱氧核糖核酸（DNA）是细胞内携带遗传信息的物质，在生物体的遗传、变异和蛋白质的生物合成过程中具有极其重要的作用。

DNA分子是由两条链组成的，这两条链就像两条螺旋楼梯一样互相缠绕连接，这样的结构被称为双螺旋结构。

1953年，两个初出茅庐的年轻科学家——沃森和克里克，构建出DNA的双螺旋结构模型，轰动世界，由此开启了分子生物学时代，"生命之谜"被打开，一个又一个生命的奥秘从分子角度得到了更清晰的阐明。凭借着DNA双螺旋结构的发现这一巨大成就，沃森和克里克，以及另一位科学家威尔金斯，共同获得了1962年的诺贝尔生理学或医学奖。

大部分生物的遗传信息储存在DNA分子中，而且除了同卵双胞胎外，每个个体的DNA都不相同。由于DNA是由碱基互补配对组成的，而这种碱基存在上亿种配对可能，因此在生物圈中不会有两个完全相同的个体。子女继承了父母双方各自一半的遗传物质，亲子鉴定利用的正是此原理。

DNA的独特性可以在案件侦破中起到重要作用。刑侦人员可以从案发现场发现的血液、毛发、皮屑等物质中提取到DNA，然后和犯罪嫌疑人的DNA进行比对，从而为破获案件提供重要的证据。这一方法被称为"DNA指纹法"。

小·贴士

除了DNA携带遗传信息，核糖核酸（RNA）也是很重要的遗传物质。部分病毒的遗传信息直接储存在RNA中，如艾滋病（HIV）、非典（SARS）病毒等。

生长激素

孩子为什么会长高？

图说▶

如花美眷，似水流年。蓦地，一个身影滑入眼帘，跳起时如同一只飞燕，轻盈、曼妙。能为掌上舞的赵飞燕，定是腰骨纤细。那么是什么导致了"环肥燕瘦"？生长激素又在我们的成长过程中起了哪些作用？

生长激素又称为生长荷尔蒙，能促进骨骼、内脏和全身生长，促进蛋白质合成，影响脂肪和矿物质代谢，在我们的生长发育中起着关键性作用。

儿童缺乏生长激素就会发育不良，身材矮小。对于缺乏生长激素的儿童，可以通过注射外源性生长激素的方式来治疗，它是国家食品药品监督管理总局（CFDA）批准的促进儿童长高的唯一一种安全有效的药物。

但是，生长激素不是随意就能打的，一定要经过医生的明确诊断，需要时才能使用。生长发育正常、不缺乏生长激素的儿童盲目注射生长激素可能会带来副作用，甚至还会影响正常发育。骨骼闭合的青少年也严禁再去注射生长激素，因为过多的生长激素不会让人变得更高，反而会导致肢端肥大症，主要表现为手足粗大，鼻大唇厚，下颌突出。因此，生长激素的使用必须在专业医生的指导下进行，并定期检查，随时和医生沟通，才能保证其安全性。

生长激素除了可以用来治疗矮小症，还会被健身者和运动员用来获得更大的肌肉爆发力和更强的耐力。生长激素注射剂被视为可以提高运动成绩的药物，因此在体育竞赛中是被严格禁止使用的。在美国，非医疗用途使用生长激素注射剂是非法行为。

小贴士

高质量的睡眠可以促进脑垂体分泌生长激素，同时可以使骨骼得到更多的养分，有利于身高的增长。

组胺

出现过敏症状了该怎么办？

水自竹边流出冷，风从花里过来香。每到花香四溢之时，人们都争相与鲜花来个亲密接触，这时要小心花粉过敏。医生通常会推荐"抗组胺类"非处方药来缓解过敏症状。为什么"抗组胺类"能治过敏呢？

组胺（Histamine）是一种活性胺化合物，作为身体内的一种化学传导物质，可以影响许多细胞的反应，包括过敏、发炎、胃酸分泌等。

在正常机体内，组胺分子主要存在于肥大细胞及嗜碱性颗粒细胞内，也存在于肺、皮肤、肠黏膜等组织中。机体也会释放组胺，但释放的量很少，而且会随时被体内的组胺酶分解掉，所以不会致病。然而，当致病的花粉大量进入人体后，免疫系统会认为有外物（免疫学中叫"抗原"）入侵，从而使身体产生一种能够中和抗原的蛋白（抗体）与花粉结合。大量的抗原 - 抗体复合物会伤害肥大细胞，产生大量的组胺。当这些组胺与身体中的一些受体（与特定分子结合的蛋白叫受体）结合后，就会出现鼻黏膜水肿、鼻呼吸阻力增加、分泌物增多等过敏症状。如果产生过敏反应，医生便会给患者开抗组胺类药物来治疗。

组胺分子结构示意图

小·贴士

引起过敏的花粉大多数能经过风力传粉，其特征是花形细小、色不鲜艳、味不芳香，少数有臭味，属非观赏花。花粉颗粒一般直径为 20~30 微米，能够克服重力作用，利用空气中分子撞击产生的动能随处移动。

ATP

生命的能量从哪里来？

图说 ▶

泥土铸就车马，陶坯烧成将士，八百里秦川的脚下，埋藏着一个不死帝国。这个沉睡的地下军团，一站就是千年，似乎一直在等待被某种神秘力量唤醒。其实在人体内，也有一种神秘分子，为生命提供能量。

细胞内物质的合成需要能量，肌肉的收缩需要能量，大脑思考需要能量，维持人体体温恒定也需要能量……生命系统只有不断获取并利用能量，才能持续地有序运行。这些能量从哪里来呢？我们从食物中获取的糖类、脂肪等营养物质都储存着能量，但是直接给生命活动提供能量的却是另一种物质——ATP。

ATP 是三磷酸腺苷的英文名称缩写，它含有高能磷酸键，通过水解反应，释放出能量，这种能量支撑着生物体的正常运转。因此，ATP 被称为细胞中的能量货币。

为生命活动提供能量的 ATP 也有不同的获得方式：对于绿色植物来说，可以通过光合作用和呼吸作用的方式生成 ATP；而动物和人类只能通过呼吸作用生成 ATP。人类的呼吸作用包括有氧呼吸和无氧呼吸两种。大部分情况下，人体内的呼吸作用以有氧呼吸为主，但在进行跑步等剧烈运动时，人体需要迅速生成大量 ATP 来提供能量，这时候氧气供应不足，细胞就会通过无氧呼吸的方式来生成 ATP。

ATP 分子结构示意图

小·贴士

体育活动能够加速体内能源物质的消耗，促进人体内物质的分解与合成，从而使组织细胞得到更多的营养补充，身体获得更旺盛的活动能力，所以说体育锻炼有利于健康。

胰岛素

如何才能降低血糖？

图说 ▶

沙场点兵，鲜血染尽了黄沙，两军阵前，策马冲杀。战马嘶鸣，刀光剑影，连拂面的风都带着箭矢的呼啸、折戟的气息。人体内的胰岛素，犹如一名将军，守护着人的健康。

胰岛素是由胰脏内的胰岛 β 细胞受内源性或外源性物质，如葡萄糖、乳糖、核糖、精氨酸、胰高血糖素等的刺激而分泌的一种蛋白质激素。

血液中糖的浓度称为血糖浓度，它是衡量身体健康与否的重要指标。如果血糖浓度过低，人体各处细胞、组织、器官供能不足（尤其是大脑），轻则有饥饿感、心慌、颤抖、面色发白，重则精神难以集中、意识不清，甚至昏迷；而血糖浓度过高，血液渗透压也会相应升高，从而引发糖尿病、高血压、冠心病等病症。显然，血糖浓度正常是身体健康的必要条件。

胰岛素就是人体内参与调节血糖浓度的最重要的激素。胰岛素的主要作用是降血糖，它可以促进肌肉细胞吸收血糖（将血糖从血液中转运至细胞内）；也可以促进肝脏细胞将血糖转化成糖原贮存起来，同时抑制糖原的分解（分解产物主要是葡萄糖）；并可以促进全身各处细胞分解利用葡萄糖；还可以抑制脂肪的分解（脂肪分解也可以供能），使身体利用葡萄糖的比率增加，从而迅速降低血糖浓度。

为什么说胰岛素是参与调解血糖浓度的最重要的激素呢？因为它是人体内唯一可以降低血糖的激素，一旦失去了胰岛素（如胰岛细胞受损）或者胰岛素作用力下降（身体对胰岛素敏感性降低），我们体内的血糖浓度将只高不低，这将引发糖尿病及非常严重的其他并发症。

小·贴士

除遗传因素外，膳食不合理（摄入高蛋白/脂肪，低糖）和体力活动不足是导致胰岛素分泌缺陷和身体对胰岛素敏感性降低的最主要因素。所以，请务必保持健康合理的饮食习惯，定时进行适量的体育锻炼，让我们远离糖尿病的困扰！

马达蛋白

谁是细胞里的"搬运工"？

苍茫的暮色映着漫天黄沙，丝绸之路上驼队在夕阳的余晖里变换着写意阵型。西风瘦马，驼铃羌笛，来自四面八方的商人开通了商路，促进了货物的流通，就像人体里的马达蛋白，没有它们，我们的正常运动将受到极大限制。

马达蛋白是一类可以沿着动物细胞的细胞质移动的蛋白质，是细胞内的蛋白质分子"搬运工"。它们通过ATP的水解将化学能转化为机械功。一个最好的例子就是肌动蛋白，它是一种中等大小的球形蛋白质，首先发现于肌细胞中。在肌细胞中，肌动蛋白约占总蛋白含量的10%，在其他非肌细胞中，也存在肌动蛋白，但含量比较低，占总蛋白的1%~5%。

人体中主要有三类已确认的肌动蛋白，分别为α肌动蛋白、β肌动蛋白和γ肌动蛋白。其中，α肌动蛋白主要存在于骨骼肌、心肌和平滑肌中。

肌动蛋白上存在三个结合位点，一个是与能量的载体——ATP的结合位点，其余的两个都是与其他肌动蛋白结合的结合位点。在ATP的驱使下，肌动蛋白之间可以相互结合，从而螺旋聚合形成微丝或者网络，构成了细胞内分子运输的"货运公路"，对细胞贴附、细胞铺展、细胞运动、细胞分裂等功能具有重要意义。

多种细胞因子都具备形成新肌动蛋白纤维的能力，并且每种因子都能形成一种特定的网络，以适应细胞活动的需要。

小贴士

不同生物的肌动蛋白有很高的同源性，但是肌动蛋白的基因高度保守，微小的差异都可能会导致相应功能的改变，比如在果蝇细胞内表达酵母的肌动蛋白基因将会导致果蝇的飞翔障碍。

维生素 D

多晒太阳真的可以长高吗？

阳光给大地镀上了一层亮亮的金色，温暖的阳光洒在身上，让人心情愉悦。有时候幸福就是这么简单！都说晒太阳有助于小朋友长高，这是为什么呢？难道孩子也能像小树一样进行光合作用？

人在长身体的过程中需要补充大量的钙，缺钙会影响骨骼的发育。人可以从食物中获得钙，然而人体对钙的吸收是有限的。晒太阳可以帮助人体合成维生素 D 分子，促进人体对钙的吸收，这就是晒太阳有利于长高的原因。

维生素 D 是一组脂溶性的类固醇，负责增加肠道对钙、镁和磷酸盐的吸收。在人类生活中，该组物质中最重要的化合物是维生素 D_3（胆钙化醇）和维生素 D_2（麦角钙化醇）。

维生素 D 与人体健康密切相关，一旦缺乏，会引发佝偻病和软骨病。有研究发现，心脏病、肺病、癌症、糖尿病、高血压、精神分裂症和多发性硬化等疾病的形成都与维生素 D 的缺乏密切相关。此外，维生素 D 还能帮助预防感冒和蛀牙，抵抗抑郁症。

常见的富含维生素 D 的食物有牛奶、鸡蛋、鱼和动物肝脏等，要多食用。每天晒晒太阳也能帮助身体补充每日所需的维生素 D，

维生素 D 分子结构示意图

因此不建议大量服用补充维生素 D 的保健品，以免维生素 D 过量导致中毒。

虽然晒太阳是补充维生素 D 的一种很有效的方式，但也不能多晒，因为阳光中的紫外线会对皮肤造成伤害，增加患皮肤癌的风险。一般来说，每天 20~30 分钟的日晒就能满足人体对维生素 D 的需求。不过，具体的时间长短还要根据天气情况、地理位置和身体状况等进行调整。

小贴士

太阳光中的紫外线一般分为 UVA，UVB，UVC 等，其中 UVB 才是促进体内生成维生素 D 的主力军。但是 UVB 的穿透能力很弱，甚至连透明的玻璃都无法穿透，所以隔着玻璃晒太阳是没有效果的，建议去室外晒太阳。如果只能待在室内，也要记得打开窗户，让阳光直接照射到身体。

作者简介

张国庆 美国弗吉尼亚大学博士，曾在哈佛大学从事博士后研究，现任中国科学技术大学教授、博士生导师。曾获美国化学学会授予的"青年学者奖"，入选教育部"新世纪优秀人才支持计划"、中国科学院"卓越青年科学家"项目。迄今已发表SCI收录论文50多篇。研究方向为荧光软物质的设计与合成、分子材料的电子和电荷转移、单分子荧光成像的合成以及光物理等。除教学、科研工作外，通过开设微信公众号、建网站、做讲座等形式，积极传播科普知识。

李进 青年画家，曾执导人民网"酷玩科技"系列动画、"首届中国国际进口博览会速览"动画。学生阶段的绘画作品曾多次获奖，导演作品《启》入选新锐动画作品辑。作品曾被人民网、光明网、中国长安网等媒体报道。